BAUINGENIEUR JOHANN GÖDDERZ

DIE GEWENDELTE TREPPE

WESTDEUTSCHER VERLAG · KÖLN U. OPLADEN

1949

Umschlag und Druckgestaltung A. Reuter, Köln

ISBN 978-3-322-98094-6   ISBN 978-3-322-98733-4 (eBook)
DOI 10.1007/978-3-322-98733-4

Vorbemerkungen

Die folgenden Tabellen sollen die zeichnerische Vorarbeit zum Treppenbau, besonders zum Bau gewendelter Treppen, durch die rechnerische Methode ersetzen. Sie geben dem entwerfenden Architekten und gleichermaßen dem ausführenden Unternehmer die Möglichkeit, die mit dem Treppenbau verbundenen Fragen ohne zeichnerische Versuche zu lösen und die Ergebnisse als Maßangaben zu verwenden.

Die B-Tabellen sind auf der Grundlage der geometrischen Konstruktion der Wendeltreppe *(Fig 1)* in sorgfältiger Rechenarbeit ermittelt.

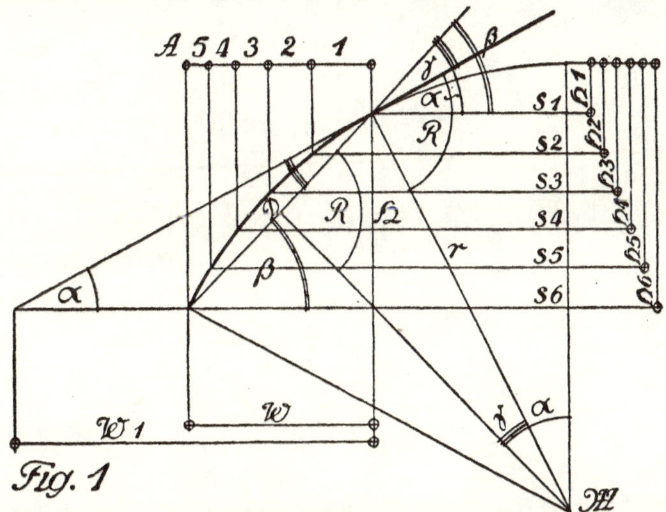

Da die Zahl der möglichen Steigungsverhältnisse theoretisch unbegrenzt ist, war es notwendig, sie auf ein praktisch brauchbares Maß zu beschränken. In der A-Tabelle sind die aus den B-Tabellen sich ergebenden Geschoßhöhen mit Stufenzahl, Steigungsverhältnissen und Treppenausladungen in praktisch brauchbarem Umfange angegeben. Ihre Anwendung bei Neubauten und in den Fällen, wo die vorhandene Geschoßhöhe einem Tabellenwert entspricht, erspart auch die sonst noch notwendige rechnerische Vorarbeit.

Im April 1947   J o h a n n   G ö d d e r z

Das Steigungsverhältnis

„Der Mensch ist das Maß aller Dinge." Dieser Satz gilt auch für das Steigungsverhältnis der Treppenstufen, bei welchem die durchschnittliche menschliche Schrittlänge als Maß dient. Leute, die es wissen müssen, geben diese Schrittlänge mit rd 63 cm an, wobei geringfügige Abweichungen nach oben oder nach unten selbstverständlich zulässig sind. (Siehe auch B-Tabellen für die Schrittlänge = 62,5 cm.)

Das Maß von 63 cm gilt für den Schritt auf der waagerechten Ebene. Bei gleichzeitiger Überwindung einer Steigung wird das Schrittmaß, in der horizontalen Projektion gemessen, um das doppelte Maß der Steigung verkürzt. Bei einer Treppenstufe muß demnach das Verhältnis von Steigung (St) zu Auftritt (A) sein:

$$\boxed{2 \times \text{St} + \text{A} = 63 \text{ cm}}$$

daraus: $\text{St} = \dfrac{63-\text{A}}{2}$; und $\text{A} = 63 - 2\,\text{St}$;

z. B.: die Steigung sei 19 cm; dann ist $\text{A} = 63 - 2 \times 19 = 25$ cm;

der Auftritt sei 24 cm; dann $\text{St} = \dfrac{63-24}{2} = 19{,}5$ cm.

Bestimmung der Stufenzahl und des Steigungsverhältnisses

Denkt man sich die ganze Treppe als eine einzige Stufe mit der Geschoßhöhe als Steigung und der Treppenausladung, auf der Lauflinie im Grundriß gemessen, als Auftritt, so ist das zugehörige Schrittmaß =

$$\boxed{2 \times \text{Geschoßhöhe} + \text{Ausladung.}}$$

Dieses Maß durch das normale Schrittmaß = 63 cm geteilt, ergibt die Zahl der notwendigen Stufen.

Dabei ist zu beachten, daß der Auftritt der untersten Stufe in der Ebene des Fußbodens liegt *(Fig 2)* und im Grundriß nicht erscheint. Das Maß hierfür muß, zunächst geschätzt, zur projizierten Treppenausladung hinzugerechnet werden.

Als Zuschlag wähle man bei steilen Treppen 20 cm, bei mittleren Treppen 25 cm und bei flachen Treppen 30 cm.

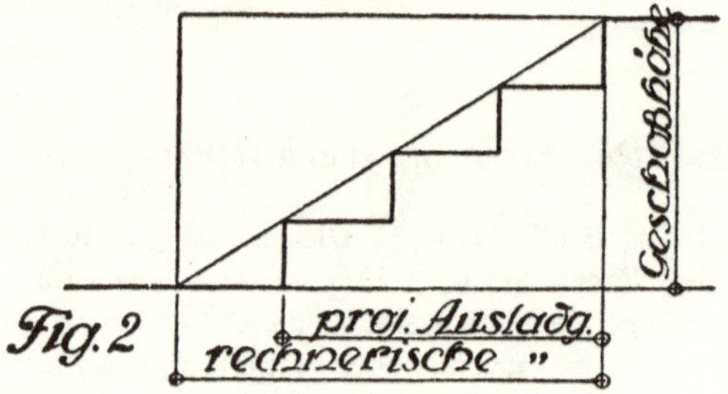

Bei der Errechnung der Auftrittbreiten wird der Zuschlag wieder abgesetzt. Die Zahl der Auftritte ist dann stets um eins weniger als die Zahl der Steigungen.

Die Lauflinie, auf welcher die normalen Auftrittbreiten aufgetragen werden, wird allgemein als in der Mitte der Treppe liegend angenommen. Das ist nicht richtig. Unabhängig von der Treppenbreite verläuft die Lauflinie normal im Abstande von rd. 40 cm von der Geländerlinie entfernt.

Bei geraden Treppen ist das zwar belanglos. Gewendelte Treppen jedoch sind schlecht zu begehen, wenn die Lauflinie in einem größeren Abstande als 40 cm angenommen wird. Die Schrittlänge wird dann auf dem gewendelten Treppenteil verkürzt, liegt demnach unter dem Normalmaß.

Die Tabellen sind für den Lauflinienabstand = 40 cm errechnet worden. Bei ihrer Anwendung ist deshalb darauf zu achten.

Als Geländerlinie soll gelten:

 a) bei Treppen mit Wangen die Innenkante der Geländerwange *(Fig. 3a)*;
 b) bei Treppen mit aufgesetztem Geländer die Geländermitte *(Fig. 3b)*;
 c) bei Treppen mit ausgekragtem Geländer die Stufenaußenkante *(Fig 3c)*

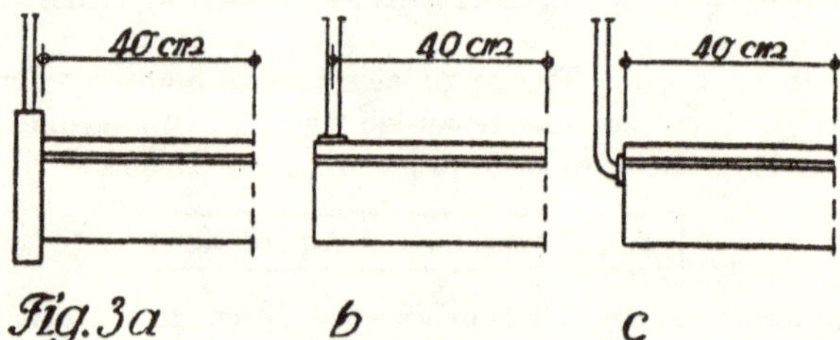

Auf diesen Linien sind die gezogenen Maße der Auftritte aufzutragen.

Der Radius des Treppenkrümmers ist ohne Einfluß auf die Anwendbarkeit der Tabellen, die auch dann gelten, wenn ohne Krümmer gearbeitet wird, *(Fig 4a, b)*

6

Die Viertelwendung wird die Regel sein. Hierfür enthalten die Tabellen die gezogenen Maße für 6, 7 und 8 Auftritte.

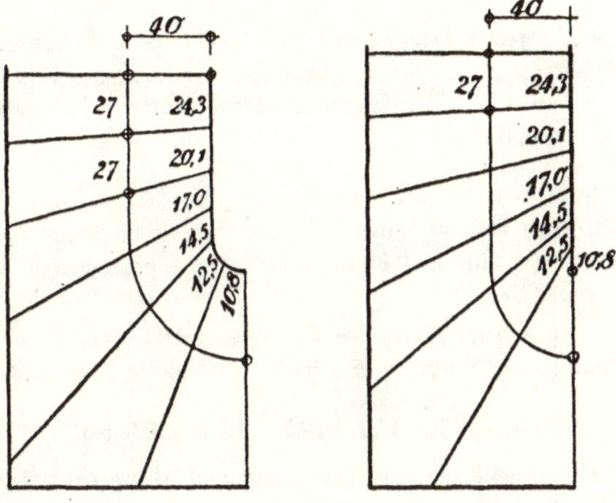

Fig. 4 a, mit Krümmer   b, ohne Krümmer

Die halbe Wendung mit gerader Stufenzahl entsteht durch Wiederholung der Maße für die Viertelwendung in umgekehrter Reihenfolge. *(Fig 5a)*

Für die halbe Wendung mit ungerader Stufenzahl sind die gezogenen Auf·trittmaße für $5^1/_2$, $6^1/_2$, $7^1/_2$ und $8^1/_2$ Stufen angegeben. Das halbe Maß ist für die mittlere Stufe zu verdoppeln. *(Fig 5b)*

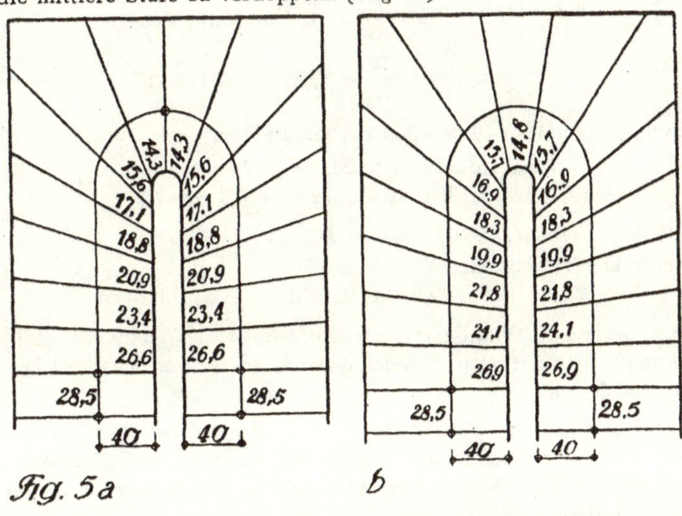

Fig. 5 a   b

Beispiele für die Anwendung der Tabellen

Beispiel 1

Eine gerade Kellergeschoßtreppe soll nach der Tabelle A bestimmt werden. Die Geschoßhöhe sei etwa 2,20 m. Dieses Maß stimmt mit einem Tabellenwert überein. Gewählt 11 Steigungen je 20 cm, Auftritt 22,5 oder 23 cm, je nach verfügbarem Raum.

Beispiel 2

Eine Geschoßtreppe soll mit einer Viertelwendung beginnen. Geschoßhöhe nach der Tabelle gewählt = 2,88 m; hierfür 16 Steigungen je 18 cm, Auftritt = 26,5 oder 27 cm.

Es sollen mit der Auftrittsbreite = 27 cm 6 Auftritte zur Viertelwendung gezogen werden. (siehe Figur 4a und b) Nach Tabelle B 15 sind hierfür die Maße:

$$24,3; \quad 20,1; \quad 17,0; \quad 14,5; \quad 12,5; \quad 10,8 \text{ cm}.$$

Für den Auftritt = 26,5 cm sind die gezogenen Maße nach Tabelle B 14:

$$23,8; \quad 19,6; \quad 16,5; \quad 14,1; \quad 12,0; \quad 10,2 \text{ cm}$$

Beispiel 3

Die Geschoßhöhe liegt mit 3,10 m fest, die Ausladung darf etwa 3,70 m betragen, Zuschlag 0,25 m = 3,95 m. (In der folgenden Berechnung alle Maße in cm)

Zahl der Steigungen:

$$\frac{2 \times 310 + 395}{63} = \frac{1015}{63} = 16,1 = 16 \text{ Steigungen}.$$

$$\text{Steigungsmaß } \frac{310}{16} = 19,37 = \text{rd } 19,4 \text{ cm}.$$

Wähle nach Tabelle B 10 den Auftritt mit 24,5 cm;

$$\text{Ausladung: } 15 \times 24,5 = 367,5 \text{ cm},$$
$$\text{Schritt: } 2 \times 19,4 + 24,5 = 63,3 \text{ cm}.$$

7 Auftritte sollen zur Viertelwendung gezogen werden.

Die Maße hierfür sind nach Tabelle B 10:

$$22,6; \quad 19,5; \quad 17,0; \quad 14,9; \quad 13,1; \quad 11,5; \quad 10,1 \text{ cm}.$$

Zur Beachtung: die Wahl der Tabellenwerte erfolgt endgültig nach dem Auftrittmaß! Die geringen Abweichungen beim Steigungsmaß wirken sich praktisch nicht aus.

Liegt auch das Maß der Ausladung fest, sodaß die Abweichung vom Tabellenwert des Auftrittmaßes beibehalten werden muß, so wähle man den nächstliegenden Tabellenwert und verteile die Differenz anteilig auf die gezogenen Auftritte. Hierfür das

Beispiel 4

Geschoßhöhe = 2,95 m; Ausladung = 3,95 + 0,25 = 4,20 m.

Anzahl der Steigungen: $\dfrac{2\times 295 + 420}{63} = \dfrac{1010}{63} = 16{,}03 = 16$ St.

Steigung: $\dfrac{295}{16} = 18{,}4$ cm;

Auftritt: $\dfrac{395}{15} = 26{,}33$ cm; Schritt: $2\times 18{,}4 + 26{,}33 = 63{,}13$ cm.

Dem errechneten Auftrittmaß von 26,33 cm kommt am nächsten das Maß 26 cm aus Tabelle B 13. Es sollen 6 Auftritte zur Viertelwendung gezogen werden.

Die Ausladung (Lauflinie, 40 cm Abstand!) ist dann für den gezogenen Teil:
$$6 \times 26{,}33 = 158 \text{ cm.}$$
nach der Tabelle: $6 \times 26{,}0 = 156$ cm.

Das Mehrmaß von 2 cm ist zu verteilen.

Gezogene Maße nach Tabelle B 13, 6 Auftritte:

	23,3;	19,1;	16,0;	13,6;	11,5;	9,7 cm
+	0,5	0,4	0,4	0,3	0,2	0,2 „
=	23,8;	19,5;	16,4;	13,9;	11,7;	9,9 cm.

Es sind also den größeren Tabellenwerten auch die größeren Zuschläge zu geben. Ebenso ist mit Abzügen zu verfahren.

Beispiel 5

Treppe mit einer halben Wendung. Die Anpassung der Ausladung an einen Tabellenwert ist in der Regel möglich.

Geschoßhöhe = 3,35 m; Ausladung etwa 5,40 + 0,30 = 5,70 m.

Anzahl der Steigungen: $\dfrac{2 \times 335 + 570}{63} = \dfrac{1240}{63} = 19{,}68 = 20$ St.

Steigung: $\dfrac{335}{20} = 16{,}75$ cm;

Auftritt: $\dfrac{540}{19} = 28{,}4$ cm; gewählt 28,5 cm;

Schritt: $2 \times 16{,}75 + 28{,}5 = 62$ cm.

Es sollen 14 Auftritte zur halben Wendung gezogen werden, also 7 Auftritte zur Viertelwendung.

Hierfür die gezogenen Maße aus Tabelle B 18:
$$26{,}6; \quad 23{,}4; \quad 20{,}9; \quad 18{,}8; \quad 17{,}1; \quad 15{,}6; \quad 14{,}3 \text{ cm.}$$

Diese Maße werden für die halbe Wendung in umgekehrter Reihenfolge wiederholt. *(Fig 5a)*

Soll die halbe Wendung mit ungerader Auftrittzahl erfolgen, z. B. mit

15 Auftritten, so entnehme man die gezogenen Maße aus der gleichen Tabelle
B 18 für 7¹/₂ Auftritte:

26,9; 24,1; 21,8; 19.9; 18,3; 16,9; 15,7; 7,4 cm.

Das letzte Maß, 7,4 cm, ist beim Austragen zu verdoppeln, da es ja nur für
einen halben Auftritt gilt. *(Fig 5b)*

Beispiel 6

Die Viertelwendung soll etwa in der Mitte des Treppenlaufes liegen, die
Treppe also wieder gerade auslaufen *(Fig 6)*

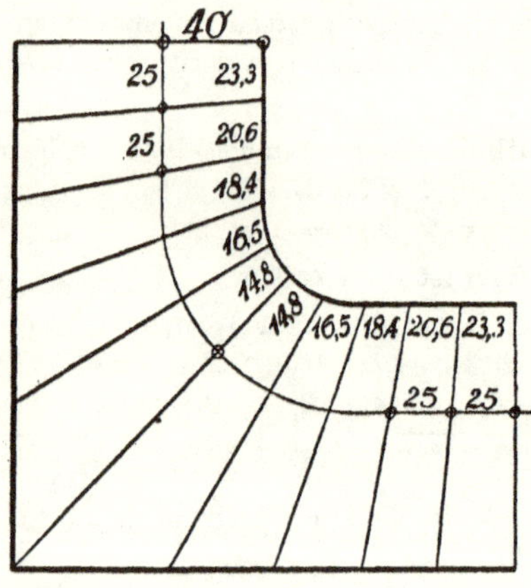

Fig. 6

Es handelt sich dabei um je eine Achtelwendung nach rechts und nach links.
Um die Tabellen auch hier anwenden zu können, ist zunächst die Ermitt-
lung der verfügbaren gezogenen Wangenlänge notwendig.

Diese errechnet sich für die Achtelwendung aus der *Summe der normalen
Auftrittbreiten minus 31,4 cm* (immer bei 40 cm Lauflinienabstand).

Es sei das Steigungsverhältnis der Stufen = 19,0 : 25,0 cm (B 11). 5 Auftritte sollen für die Achtelwendung gezogen werden; dann ist die gezogene
Wangenlänge (Geländerlinie) hierfür:

$$5 \times 25 - 31,4 = 93,6 \text{ cm}.$$

Diesem Maß kommen aus der Tabelle B 11 am nächsten die ersten 5 Maße
für 7¹/₂ gezogene Auftritte mit zusammen 93,8 cm.

Das Mehrmaß von 2 mm wird von den beiden ersten Auftritten abgezogen;

23,4; 20,7;

— 1 1

23,3; 20,6; 18,4; 16,5; 14,8 cm

Durch Wiederholung dieser Maße in umgekehrter Reihenfolge entsteht die
Viertelwendung mit geradem Auslauf.

Beispiel 7

Es sollen nur 4 Auftritte gezogen werden, ohne daß damit eine Viertelwendung erreicht wird. *(Fig 7)*

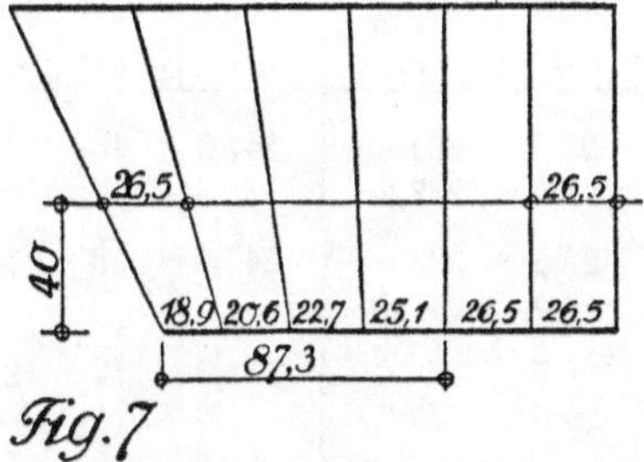

Angenommenes Steigungsverhältnis z. B. 18,0 : 26,5 cm, Tabelle B 14.

Man wähle aus einer beliebigen Reihe der Tabelle B 14, z. B. für 8 gezogene Auftritte, die ersten vier Maße:

25,1;   22,7;   20,6;   18,9 cm

Das Gesamtmaß für den gezogenen Wangenteil ist dann 87,3 cm.

Zur Erleichterung derartiger Aufgaben sind in den B-Tabellen die addierten
Wangenlängen unter den Auftrittmaßen angegeben.

Tabelle A

Ge- schoßh. cm	Zahl der Stufen	Stei- gung cm	Auf- tritt cm	Aus- ladung cm	Ge- schoßh. cm	Zahl der Stufen	Stei- gung cm	Auf- tritt cm	Aus- ladung cm
193,5	9	21,5	20,0	160,0	203,0	10	20,5	21,5	193,5
								22,0	198,0
195,0	10	19,5	23 5	211 5					
			24,0	216,0	209,0	11	19,0	24,5	245,0
								25,0	250,0
198,0	11	18,0	26,5	265,0					
			27,0	270,0	210,0	10	21,0	20,5	184,5
								21,0	189,0
198,0	12	16,5	29 5	324,5					
			30,0	330,0	210,0	12	17,5	27,5	302,5
								28,0	308,0
200,0	10	20,0	22,5	202,5					
			23,0	207,0	214,5	11	19,5	23,5	235,0
								24,0	240,0
203,5	11	18,5	25,5	255,0					
			26,0	260,0	214,5	13	16,5	29,5	354,0
								30,0	360,0
204,0	12	17,0	28,5	313,5					
			29,0	319,0	215,0	10	21,5	20,0	180,0

Tabelle A

Ge-schoßh. cm	Zahl der Stufen	Stei-gung cm	Auf-tritt cm	Aus-ladung cm	Ge-schoßh. cm	Zahl der Stufen	Stei-gung cm	Auf-tritt cm	Aus-ladung cm
216,0	12	18,0	26,5 27,0	291,5 297,0	247,0	13	19,0	24,5 25,0	294,0 300,0
220,0	11	20,0	22,5 23,0	225,0 230,0	247,5	15	16,5	29,5 30,0	413,0 420,0
221,0	13	17,0	28,5 29,0	342,0 348,0	252,0	12	21,0	20,5 21,0	225,5 231,0
222,0	12	18,5	25,5 26,0	280,5 286,0	252,0	14	18,0	26,5 27,0	344,5 351,0
225,5	11	20,5	21,5 22,0	215,0 220,0	253,5	13	19,5	23,5 24,0	282,0 288,0
227,5	13	17,5	27,5 28,0	330,0 336,0	255,0	15	17,0	28,5 29,0	399,0 406,0
228,0	12	19,0	24,5 25,0	269,5 275,0	258,0	12	21,5	20,0	220,0
231,0	11	21,0	20,5 21,0	205,0 210,0	259,0	14	18,5	25,5 26,0	331,5 338,0
231,0	14	16,5	29,5 30,0	383,5 390,0	260,0	13	20,0	22,5 23,0	270,0 276,0
234,0	12	19,5	23,5 24,0	258,5 264,0	262,5	15	17,5	27,5 28,0	385,0 392,0
234,0	13	18,0	26,5 27,0	318,0 324,0	264,0	16	16,5	29,5 30,0	442,5 450,0
236,5	11	21,5	20,0	200,0	266,0	14	19,0	24,5 25,0	318,5 325,0
238,0	14	17,0	28,5 29,0	370,5 377,0	266,5	13	20,5	21,5 22,0	258,0 264,0
240,0	12	20,0	22,5 23,0	247,5 253,0	270,0	15	18,0	26,5 27,0	371,0 378,0
240,5	13	18,5	25,5 26,0	306,0 312,0	272,0	16	17,0	28,5 29,0	427,5 435,0
245,0	14	17,5	27,5 28,0	357,5 364,0	273,0	13	21,0	20,5 21,0	246,0 252,0
246,0	12	20,5	21,5 22,0	236,5 242,0	273,0	14	19,5	23,5 24,0	305,5 312,0

Tabelle A

Ge-schoßh. cm	Zahl der Stufen	Stei-gung cm	Auf-tritt cm	Aus-ladung cm	Ge-schoßh. cm	Zahl der Stufen	Stei-gung cm	Auf-tritt cm	Aus-ladung cm
277,5	15	18,5	25,5	357,0	306,0	17	18,0	26,5	424,0
			26,0	364,0				27,0	432,0
279,5	13	21,5	20,0	240,0	306,0	18	17,0	28,5	484,5
280,0	14	20,0	22,5	292,5				29,0	493,0
			23,0	299,0	307,5	15	20,5	21,5	301,0
280,0	16	17,5	27,5	412,5				22,0	308,0
			28,0	420,0	312,0	16	19,5	23,5	352,5
280,5	17	16,5	29,5	472,0				24,0	360,0
			30,0	480,0	313,5	19	16,5	29,5	531,0
285,0	15	19,0	24,5	343,0				30,0	540,0
			25,0	350,0	314,5	17	18,5	25,5	408,0
287,0	14	20,5	21,5	279,5				26,0	416,0
			22,0	286,0	315,0	15	21,0	20,5	287,0
288,0	16	18,0	26,5	397,5				21,0	294,0
			27,0	405,0	315,0	18	17,5	27,5	467,5
289,0	17	17,0	28,5	456,0				28,0	476,0
			29,0	464,0	320,0	16	20,0	22,5	337,5
292,5	15	19,5	23,5	329,0				23,0	345,0
			24,0	336,0	322,5	15	21,5	20,0	280,0
294,0	14	21,0	20,5	266,5	323,0	17	19,0	24 5	392,0
			21,0	273,0				25,0	400,0
296,0	16	18,5	25,5	382,5	323,0	19	17,0	28,5	513,0
			26,0	390,0				29,0	522,0
297,0	18	16,5	29,5	501,5	324,0	18	18,0	26,5	450,5
			30,0	510,0				27,0	459,0
297,5	17	17,5	27,5	440,0	328,0	16	20,5	21,5	322,5
			28,0	448,0				22,0	330,0
300,0	15	20,0	22,5	315,0	330,0	20	16,5	29,5	560,5
			23,0	322,0				30,0	570,0
301,0	14	21,5	20,0	260,0	331,5	17	19,5	23,5	376,0
304,0	16	19,0	24,5	367,5				24,0	384,0
			25,0	375,0	332,5	19	17,5	27,5	495,0
								28,0	504,0

Tabelle A

Geschoßh. cm	Zahl der Stufen	Steigung cm	Auftritt cm	Ausladung cm	Geschoßh. cm	Zahl der Stufen	Steigung cm	Auftritt cm	Ausladung cm
333,0	18	18,5	25,5	433,5	344,0	16	21,5	20,0	300,0
			26,0	442,0	346,5	21	16,5	29,5	590,0
336,0	16	21,0	20,5	307,5				30,0	600,0
			21,0	315,0	349,0	17	20,5	21,5	344,0
340,0	17	20,0	22,5	360,0				22,0	352,0
			23,0	368,0	350,0	20	17,5	27,5	522,5
340,0	20	17,0	28,5	541,5				28,0	532,0
			29,0	551,0	351,0	18	19,5	23,5	399,5
342,0	18	19,0	24,5	416,5				24,0	408,0
			25,0	425,0	351,5	19	18,5	25,5	459,0
342,0	19	18,0	26,5	477,0				26,0	468,0
			27,0	486,0	357,0	17	21,0	20,5	328,0
								21,0	336,0

Tabellen B

B 1. ST: A = 21,5 : 20,0 cm; Viertelwendung

Gezog-Stufen	Wangenmaß cm	Maße der gezogenen Auftritte in cm; *Addierte Wangenmaße in cm*								
5½	47,2	17,1	12,4	8,7	5,6	2,9	0.5			
			29,5	*38,2*	*43,8*	*46,7*	*47,2*			
6	57,2	17,6	13,5	10,3	7,7	5 2	2,9			
			31,1	*41,4*	*49,1*	*54,3*	*57,2*			
6½	67,2	18,0	14,5	11,7	9,2	7,0	5,1	1,7		
			32,5	*44,2*	*53,4*	*60,4*	*65,5*	*67,2*		
7	77,2	18,3	15,2	12,7	10,5	8,5	6,7	5,3		
			33,5	*46,2*	*56,7*	*65,2*	*71,9*	*77,2*		
7½	87,2	18,5	15,8	13,6	11,6	9,9	8 3	6,7	2,8	
			34,3	*47,9*	*59,5*	*69,4*	*77,7*	*84,4*	*87,2*	
8	97,2	18,7	16,4	14,3	12 5	10 9	9,5	8,1	6,8	
			35,1	*49,4*	*61,9*	*72,8*	*82,3*	*90,4*	*97,2*	
8½	107,2	18,8	16,8	15,0	13,3	11,9	10,5	9,2	8,1	3,6
			35,6	*50,6*	*63,9*	*75,8*	*86,3*	*95,5*	*103,6*	*107,2*

B 2. ST : A = 21,0 : 20,5 cm

Gezog-Stufen	Wangen-maß cm	Maße der gezogenen Auftritte in cm; Addierte Wangenmaße in cm							
5½	50,0	17,5	12,8	9,2	6,2	3,5	0,8			
			30,3	*39,5*	*45,7*	*49,2*	*50,0*			
6	60,2	18,0	14,0	10,8	8,1	5,7	3,6			
			32,0	*42,8*	*50,9*	*56,6*	*60,2*			
6½	70,5	18,4	14,9	12,1	9,7	7 6	5 6	2,2		
			33,3	*45,4*	*55,1*	*62,7*	*68,3*	*70,5*		
7	80,7	18,7	15,7	13,2	11,1	9,2	7,3	5,5		
			34,4	*47,6*	*58,7*	*67,9*	*75,2*	*80,7*		
7½	91,0	19,0	16,3	14,1	12,1	10,4	8,7	7,3	3,1	
			35,3	*49,4*	*61,5*	*71,9*	*80,6*	*87,9*	*91,0*	
8	101,2	19,2	16,8	14,8	13 0	11 4	10,0	8,6	7,4	
			36,0	*50,8*	*63,8*	*75,2*	*85,2*	*93,8*	*101,2*	
8½	111,5	19,3	17,3	15,4	13 8	12 4	11,0	9,8	8,6	3,9
			36,6	*52,0*	*65,8*	*78,2*	*89,2*	*99,0*	*107,6*	*111,5*

B 3. ST: A = 21,0 : 21,0 cm

Gezog-Stufen	Wangen-maß cm	Maße der gezogenen Auftritte in cm; Addierte Wangenmaße in cm							
5½	52,7	18,0	13,3	9,7	6,6	4,0	1,1			
			31,3	*41,0*	*47,6*	*51,6*	*52,7*			
6	63,2	18,5	14,5	11,3	8,6	6,2	4,1			
			33,0	*44,3*	*52,9*	*59,1*	*63,2*			
6½	73,7	18,9	15,4	12,6	10,2	8,1	6,1	2,4		
			34,3	*46,9*	*57,1*	*65,2*	*71,3*	*73,7*		
7	84,2	19,2	16,2	13,7	11 5	9,6	7,8	6,2		
			35,4	*49,1*	*60,6*	*70,2*	*78,0*	*84,2*		
7½	94,7	19,5	16,8	14,5	12,6	10,8	9,3	7,8	3,4	
			36,3	*50,8*	*63,4*	*74,2*	*83,5*	*91,3*	*94,7*	
8	105,2	19,7	17,3	15,3	13,5	11,9	10,5	9,1	7,9	
			37,0	*52,3*	*65,8*	*77,7*	*88,2*	*97,3*	*105,2*	
8½	115,7	19,8	17,8	15,9	14 3	12 8	11,5	10,3	9,1	4,2
			37,6	*53,5*	*67,8*	*80,6*	*92,1*	*102,4*	*111,5*	*115,7*

B 4. ST: A = 20,5 : 21,5 cm

Gezog-Stufen	Wangenmaß cm	Maße der gezogenen Auftritte in cm; *Addierte Wangenmaße in cm*							
5¹/₂	55,5	18,5	13,7	10,1	7,2	4,6	1,4		
			32,2	*42,3*	*49,5*	*54,1*	*55,5*		
6	66,2	19,0	14,9	11,7	9,1	6,8	4,7		
			33,9	*45,6*	*54,7*	*61,5*	*66,2*		
6¹/₂	77,0	19,4	15,9	13,0	10,7	8,6	6,7	2,7	
			35,3	*48,3*	*59,0*	*67,6*	*74,3*	*77,0*	
7	87,7	19,7	16,6	14,1	12,0	10,1	8,4	6,8	
			36,3	*50,4*	*62,4*	*72,5*	*80,9*	*87,7*	
7¹/₂	98,5	20,0	17,3	15,0	13,0	11,3	9,8	8,4	3,7
			37,3	*52,3*	*65,3*	*76,6*	*86,4*	*94,8*	*98,5*
8	109,2	20,2	17,8	15,8	14,0	12,4	11,0	9,6	8,4
			38,0	*53,8*	*67,8*	*80,2*	*91,2*	*100,8*	*109,2*
8¹/₂	120,0	20,3	18,2	16,4	14,8	13,3	12,0	10,8	9,7	4,5
			38,5	*54,9*	*69,7*	*83,0*	*95,0*	*105,8*	*115,5*	*120,0*

B 5. ST: A = 20,5 : 22,0 cm

Gezog-Stufen	Wangenmaß cm	Maße der gezogenen Auftritte in cm; *Addierte Wangenmaße in cm*							
5¹/₂	58,2	18,9	14,2	10,6	7,7	5,1	1,7		
			33,1	*43,7*	*51,4*	*56,5*	*58,2*		
6	69,2	19,5	15,4	12,2	9,6	7,3	5,2		
			34,9	*47,1*	*56,7*	*64,0*	*69,2*		
6¹/₂	80,2	19,9	16,3	13,5	11,2	9,1	7,2	3,0	
			36,2	*49,7*	*60,9*	*70,0*	*77,2*	*80,2*	
7	91,2	20,2	17,1	14,6	12,5	10,6	8,9	7,3	
			37,3	*51,9*	*64,4*	*75,0*	*83,9*	*91,2*	
7¹/₂	102,2	20,5	17,7	15,5	13,6	11,8	10,3	8,9	3,9
			38,2	*53,7*	*67,3*	*79,1*	*89,4*	*98,3*	*102,2*
8	113,2	20,6	18,3	16,2	14,5	12,9	11,5	10,2	9,0
			38,9	*55,1*	*69,6*	*82,5*	*94,0*	*104,2*	*113,2*
8¹/₂	124,2	20,8	18,7	16,9	15,3	13,8	12,5	11,3	10,2	4,7
			39,5	*56,4*	*71,7*	*85,5*	*98,0*	*109,3*	*119,5*	*124,2*

B 6. ST: A = 20,0 : 22,5 cm

Gezog-Stufen	Wangenmaß cm	Maße der gezogenen Auftritte in cm *Addierte Wangenmaße in cm*								
5½	61,0	19,4	14,6	11,1	8,2	5,7	2,0			
			34,0	*45,1*	*53,3*	*59,0*	*61,0*			
6	72,2	19,9	15,8	12,7	10,1	7.8	5,9			
			35,7	*48,4*	*58,5*	*66,3*	*72,2*			
6½	83,5	20,4	16,8	14,0	11,6	9,6	7,8	3,3		
			37,2	*51,2*	*62,8*	*72,4*	*80,2*	*83,5*		
7	94,7	20,7	17,6	15,1	12,9	11,1	9,4	7,9		
			38,3	*53,4*	*66,3*	*77,4*	*86,8*	*94,7*		
7½	106,0	20,9	18,3	16,0	14,0	12,3	10 8	9,4	4,3	
			39,2	*55,2*	*69,2*	*81,5*	*92,3*	*101,7*	*106,0*	
8	117,2	21,1	18,8	16,7	15,0	13,4	12,0	10,7	9,5	
			39,9	*56,6*	*71,6*	*85,0*	*97,0*	*107,7*	*117,2*	
8½	128,5	21,3	19,2	17,4	15,8	14,3	13,0	11,8	10,7	5,0
			40,5	*57,9*	*73,7*	*88,0*	*101,0*	*112,8*	*123,5*	*128,5*

B 7. ST: A = 20,0 : 23,0 cm

Gezog-Stufen	Wangenmaß cm	Maße der gezogenen Auftritte in cm *Addierte Wangenmaße in cm*								
5½	63,7	19,9	15,1	11,5	8,7	6,2	2,3			
			35,0	*46,5*	*55,2*	*61,4*	*63,7*			
6	75,2	20,4	16,3	13,2	10,6	8,3	6,4			
			36,7	*49,9*	*60,5*	*68,8*	*75,2*			
6½	86,7	20,9	17,3	14,5	12,1	10,1	8,3	3,5		
			38,2	*52,7*	*64,8*	*74,9*	*83,2*	*86,7*		
7	98,2	21,2	18,1	15,6	13,4	11,6	9,9	8,4		
			39,3	*54,9*	*68,3*	*79,9*	*89,8*	*98,2*		
7½	109,7	21,4	18,8	16,5	14,5	12,8	11,3	9,9	4,5	
			40,2	*56,7*	*71,2*	*84,0*	*95,3*	*105,2*	*109,7*	
8	121,2	21,6	19,3	17,2	15,5	13,9	12 5	11,2	10,0	
			40,9	*58,1*	*73,6*	*87,5*	*100,0*	*111,2*	*121,2*	
8½	132,7	21,8	19,7	17,9	16,3	14,8	13,5	12,3	11,2	5,2
			41,5	*59,4*	*75,7*	*90,5*	*104,0*	*116,3*	*127,5*	*132,7*

B 8. ST: A = 19,5 : 23,5 cm

Gezog-Stufen	Wangen-maß cm	Maße der gezogenen Auftritte in cm *Addierte Wangenmaße in cm*							
5½	66,5	20,4	15,5	12,0	9,2	6,8	2,6		
			35,9	*47,9*	*57,1*	*63,9*	*66,5*		
6	78,2	20,9	16,8	13,6	11,1	8,9	6,9		
			37,7	*51,3*	*62,4*	*71,3*	*78,2*		
6½	89,9	21,3	17,7	15,0	12,6	10,6	8,9	3,8	
			39,0	*54,0*	*66,6*	*77,2*	*86,1*	*89,9*	
7	101,7	21,7	18,5	16,0	13,9	12,1	10,5	9,0	
			40,2	*56,2*	*70,1*	*82,2*	*92,7*	*101,7*	
7½	113,4	21,9	19,2	16,9	15,0	13,3	11,8	10,5	4,8
			41,1	*58,0*	*73,0*	*86,3*	*98,1*	*108,6*	*113,4*
8	125,2	22,1	19,7	17,7	16,0	14,4	13,0	11,7	10,6
			41,8	*59,5*	*75,5*	*89,9*	*102,9*	*114,6*	*125,2*
8½	136,9	22,3	20,2	18,3	16,7	15,3	14,0	12,8	11,7	5,6
			42,5	*60,8*	*77,5*	*92,8*	*106,8*	*119,6*	*121,3*	*126,9*

B 9. ST: A = 19,5 : 24,0 cm

Gezog-Stufen	Wangen-maß cm	Maße der gezogenen Auftritte in cm *Addierte Wangenmaße in cm*							
5½	69,2	20,9	16,0	12,5	9,7	7,3	2,8		
			36,9	*49,4*	*59,1*	*66,4*	*69,2*		
6	81,2	21,4	17,2	14,1	11,6	9,4	7,5		
			38,6	*52,7*	*64,3*	*73,7*	*81,2*		
6½	93,2	21,8	18,3	15,4	13,1	11,1	9,4	4,1	
			40,1	*55,5*	*68,6*	*79,7*	*89,1*	*93,2*	
7	105,2	22,2	19,0	16,5	14,4	12,6	11,0	9,5	
			41,2	*57,7*	*72,1*	*84,7*	*95,7*	*105,2*	
7½	117,2	22,4	19,7	17,4	15,5	13,8	12,3	11,0	5,1
			42,1	*59,5*	*75,0*	*88,8*	*101,1*	*112,1*	*117,2*
8	129,2	22,6	20,2	18,2	16,4	14,9	13,5	12,2	11,2
			42,8	*61,0*	*77,4*	*92,3*	*105,8*	*118,0*	*129,2*
8½	141,2	22,8	20,7	18,8	17,2	15,8	14,5	13,3	12,3	5,8
			43,5	*62,3*	*79,5*	*95,3*	*109,8*	*123,1*	*135,4*	*141,2*

B 10. ST: A = 19,0 : 24,5 cm

Gezog-Stufen	Wangenmaß cm	Maße der gezogenen Auftritte in cm _Addierte Wangenmaße in cm_							
5¹/₂	72,0	21,3	16,5	13,0	10,2	7,8	3,2		
			_37,8_	_50,8_	_61,0_	_68,8_	_72,0_		
6	84,2	21,9	17,7	14,6	12,1	9,9	8,0		
			_39,6_	_54,2_	_66,3_	_76,2_	_84,2_		
6¹/₂	96,5	22,3	18,7	15,9	13,6	11,6	9,9	4,5	
			_41,0_	_56,9_	_70,5_	_82,1_	_92,0_	_96,5_	
7	108,7	22,6	19,5	17,0	14,9	13,1	11,5	10,1	
			_42,1_	_59,1_	_74,9_	_87,1_	_98,6_	_108,7_	
7¹/₂	121,0	22,9	20,2	17,9	16 0	14,3	12,8	11,5	5,4
			_43,1_	_61,0_	_77,0_	_91,3_	_104,1_	_115,6_	_121,0_
8	133,2	23,1	20,7	18,7	16,9	15,4	14,0	12,8	11,6
			_43,8_	_62,5_	_79,4_	_94,8_	_108,8_	_121,6_	_133,2_
8¹/₂	145,5	23,3	21,1	19,3	17,7	16,3	15,0	13,9	12,8	6,1
			_44,4_	_63,7_	_81,4_	_97,7_	_112,7_	_126,6_	_139,4_	_145,5_

B 11. ST: A = 19,0 : 25,0 cm

Gezog-Stufen	Wangenmaß cm	Maße der gezogenen Auftritte in cm _Addierte Wangenmaße in cm_							
5¹/₂	74,7	21,8	17,0	13,5	10,7	8,3	3,4		
			_38,8_	_52,3_	_63,0_	_71,3_	_74,7_		
6	87,2	22,4	18,2	15,1	12,5	10,4	8,6		
			_40,6_	_55,7_	_68,2_	_78,6_	_87,2_		
6¹/₂	99,7	22,8	19,2	16,4	14,1	12,1	10,4	4,7	
			_42,0_	_58,4_	_72,5_	_84,6_	_95,0_	_99,7_	
7	112,2	23,1	20,0	17,5	15,4	13,6	12,0	10,6	
			_43,1_	_60,6_	_76,0_	_89,6_	_101,6_	_112,2_	
7¹/₂	124,7	23,4	20 7	18,4	16,5	14,8	13,3	12,0	5,6
			_44,1_	_62,5_	_79,0_	_93,8_	_107,1_	_119,1_	_124,7_
8	137,2	23,6	21,2	19,2	17,4	15,9	14,5	13,3	12,1
			_44,8_	_64,0_	_81,4_	_97,3_	_111,8_	_125,1_	_137,2_
8¹/₂	149,7	23,8	21,6	19,8	18,2	16,8	15,5	14,4	13,3	6,3
			_45,4_	_65,2_	_83,4_	_100,2_	_115,7_	_130,1_	_143,4_	_149,7_

B 12. ST: A = 18,5 : 25,5 cm

Gezog-Stufen	Wangen-maß cm	Maße der gezogenen Auftritte in cm / Addierte Wangenmaße in cm							
5¹/₂	77,5	22,3	17,4	13,9	11,2	9,0	3,7		
			39,7	*53,6*	*64,8*	*73,8*	*77,5*		
6	90,2	22,8	18,7	15,5	13,0	11,0	9,2		
			41,5	*57,0*	*70,0*	*81,0*	*90,2*		
6¹/₂	103,0	23,3	19,7	16,9	14,6	12,6	11,0	4,9	
			43,0	*59,9*	*74,5*	*87,1*	*98,1*	*103,0*	
7	115,7	23,6	20,5	18,0	15,9	14,1	12,5	11,1	
			44,1	*62,1*	*78,0*	*92,1*	*104,6*	*115,7*	
7¹/₂	128,5	23,9	21,1	18,9	17,0	15,3	13,9	12,6	5,8
			45,0	*63,9*	*80,9*	*96,2*	*110,1*	*122,7*	*128,5*
8	141,2	24,1	21,7	19,6	17,9	16,4	15,0	13,8	12,7
			45,8	*65,4*	*83,3*	*99,7*	*114,7*	*128,5*	*141,2*
8¹/₂	154,0	24,3	22,2	20,3	18,7	17,3	16,0	14,9	13,8	6,5
			46,5	*66,8*	*85,5*	*102,8*	*118,8*	*133,7*	*147,5*	*154,0*

B 13. ST: A = 18,5 : 26 cm

Gezog-Stufen	Wangen-maß cm	Maße der gezogenen Auftritte in cm / Addierte Wangenmaße in cm							
5¹/₂	80,2	22,8	17,9	14,4	11,7	9,4	4,0		
			40,7	*55,1*	*66,8*	*76,2*	*80,2*		
6	93,2	23,3	19,1	16,0	13,6	11,5	9,7		
			42,4	*58,4*	*72,0*	*83,5*	*93,2*		
6¹/₂	106,2	23,8	20,1	17,4	15,1	13,1	11,5	5,2	
			43,9	*61,3*	*76,4*	*89,5*	*101,0*	*106,2*	
7	119,2	24,1	21,0	18,5	16,4	14,6	13,0	11,6	
			45,1	*63,6*	*80,0*	*94,6*	*107,6*	*119,2*	
7¹/₂	132,2	24,4	21,6	19,4	17,5	15,8	14,4	13,0	6,1
			46,0	*65,4*	*82,9*	*98,7*	*113,1*	*126,1*	*132,2*
8	145,2	24,6	22,2	20,1	18,4	16,9	15,5	14,3	13,2
			46,8	*66,9*	*85,3*	*102,2*	*117,7*	*132,0*	*145,2*
8¹/₂	158,2	24,8	22,6	20,8	19,2	17,8	16,5	15,4	14,3	6,8
			47,4	*68,2*	*87,4*	*105,2*	*121,7*	*137,1*	*151,4*	*525,2*

B 14. ST: A = 18 : 26,5 cm

Gezog-Stufen	Wangenmaß cm	Maße der gezogenen Auftritte in cm / Addierte Wangenmaße in cm								
5¹/₂	83,0	23,2	18,4	14,9	12,2	10,0	4,3			
			41,6	*56,5*	*68,7*	*78,7*	*83,0*			
6	96,2	23,8	19,6	16,5	14,1	12,0	10,2			
			43,4	*59,9*	*74,0*	*86,0*	*96,2*			
6¹/₂	109,5	24,3	20,6	17,8	15,6	13,7	12,0	5,5		
			44,9	*62,7*	*78,3*	*92,0*	*104,0*	*109,5*		
7	122,7	24,6	21,4	18,9	16,9	15,1	13,5	12,3		
			46,0	*64,9*	*81,8*	*96,9*	*110,4*	*122,7*		
7¹/₂	136,0	24,9	22,1	19,8	18,0	16,3	14,9	13,6	6,4	
			47,0	*66,8*	*84,8*	*101,1*	*116,0*	*129,6*	*136,0*	
8	149,2	25,1	22,7	20,6	18,9	17,4	16,0	14,8	13,7	
			47,8	*68,4*	*87,3*	*104,7*	*120,7*	*135,5*	*149,2*	
8¹/₂	162,5	25,3	23,1	21,3	19,7	18,3	17,0	15,9	14,9	7,0
			48,4	*69,7*	*89,4*	*107,7*	*124,7*	*140,6*	*155,5*	*162,5*

B 15. ST: A = 18 : 27 cm

Gezog-Stufen	Wangenmaß cm	Maße der gezogenen Auftritte in cm / Addierte Wangenmaße in cm								
5¹/₂	85,7	23,7	18,8	15,4	12,7	10,5	4,6			
			42,5	*57,9*	*70,6*	*81,1*	*85,7*			
6	99,2	24,3	20,1	17,0	14,5	12,5	10,8			
			44,4	*61,4*	*75,9*	*88,4*	*99,2*			
6¹/₂	112,7	24,8	21,1	18,3	16,1	14,2	12,5	5,7		
			45,9	*64,2*	*80,3*	*94,5*	*107,0*	*112,7*		
7	126,2	25,1	21,9	19,4	17,4	15,6	14,1	12,7		
			47,0	*66,4*	*83,8*	*99,4*	*113,5*	*126,2*		
7¹/₂	139,7	25,4	22,6	20,3	18,5	16,8	15,4	14,1	6,6	
			48,0	*68,3*	*86,8*	*103,6*	*119,0*	*133,1*	*139,7*	
8	153,2	25,6	23,2	21,1	19,4	17,9	16,5	15,3	14,2	
			48,8	*69,9*	*89,3*	*107,2*	*123,7*	*139,0*	*153,2*	
8¹/₂	166,7	25,8	23,6	21,8	20,2	18,8	17,5	16,4	15,3	7,3
			49,4	*71,2*	*91,4*	*110,2*	*127,7*	*144,1*	*159,4*	*166,7*

B 16. ST:A = 17,5 : 27,5 cm

Gezog-Stufen	Wangen-maß cm	Maße der gezogenen Auftritte in cm. *Addierte Wangenmaße in cm,*								
5½	88,5	24,2	19,3	15,9	13,2	11,0	4,9			
			43,5	*59,4*	*72,6*	*83,6*	*88,5*			
6	102,2	24,8	20,6	17,5	15,0	13,0	11,3			
			45,4	*62,9*	*77,9*	*90,9*	*102,2*			
6½	116,0	25,2	21,6	18,8	16,6	14,7	13,0	6,1		
			46,8	*65,6*	*82,2*	*96,9*	*109,9*	*116,0*		
7	129,7	25,6	22,4	19,9	17,8	16,1	14,6	13,3		
			48,0	*67,9*	*85,7*	*101,8*	*116,4*	*129,7*		
7½	143,5	25,9	23,1	20,8	18,9	17,3	15,9	14,6	7,0	
			49,0	*69,8*	*88,7*	*106,0*	*121,9*	*136,5*	*143,5*	
8	157,2	26,1	23,6	21,6	19,9	18,4	17,0	15,8	14,8	
			49,7	*71,3*	*91,2*	*109,6*	*126,6*	*142,4*	*157,2*	
8½	171,0	26,3	24,1	22,3	20,7	19,3	18,0	16,9	15,8	7,6
			50,4	*72,7*	*93,4*	*112,7*	*130,7*	*147,6*	*163,4*	*171,0*

B 17. ST: A = 17,5 : 28 cm

Gezog-Stufen	Wangen-maß cm	Maße der gezogenen Auftritte in cm. *Addierte Wangenmaße in cm.*								
5½	91,2	24,7	19,8	16,4	13,7	11,5	5,1			
			44,5	*60,9*	*74,6*	*86,1*	*91,2*			
6	105,2	25,3	21,1	18,0	15,5	13,5	11,8			
			46,4	*64,4*	*79,9*	*93,4*	*105,2*			
6½	119,2	25,7	22,1	19,3	17,1	15,2	13,5	6,3		
			47,8	*67,1*	*84,2*	*99,4*	*112,9*	*119,2*		
7	133,2	26,1	22,9	20,4	18,3	16,6	15,1	13,8		
			49,0	*69,4*	*87,7*	*104,3*	*119,4*	*133,2*		
7½	147,2	26,4	23,6	21,3	19,4	17,8	16,4	15,1	7,2	
			50,0	*71,3*	*90,7*	*108,5*	*124,9*	*140,0*	*147,2*	
8	161,2	26,6	24,2	22,1	20,4	18,9	17,5	16,3	15,2	
			50,8	*72,9*	*93,3*	*112,2*	*129,7*	*146,0*	*161,2*	
8½	175,2	26,8	24,6	22,8	21,2	19,8	18,5	17,4	16,3	7,8
			51,4	*74,2*	*95,4*	*115,2*	*133,7*	*151,1*	*167,4*	*175,2*

B 18. ST: A = 17,0 : 28,5 cm

Gezog-Stufen	Wangenmaß cm	Maße der gezogenen Auftritte in cm. *Addierte Wangenmaße in cm.*								
5½	94,0	25,2	20,3	16,8	14,2	12,1	5,4			
			45,5	*62,3*	*76,5*	*88,6*	*94,0*			
6	108,2	25,8	21,5	18,5	16,0	14,0	12,4			
			47,3	*65,8*	*81,8*	*95,8*	*108,2*			
6½	122,5	26,2	22,6	19,8	17,6	15,7	14,1	6,5		
			48,8	*68,6*	*86,2*	*101,9*	*116,0*	*122,5*		
7	136,7	26,6	23,4	20,9	18,8	17,1	15,6	14,3		
			50,0	*70,9*	*89,7*	*106,8*	*122,4*	*136,7*		
7½	151,0	26,9	24,1	21,8	19,9	18,3	16,9	15,7	7,4	
			51,0	*72,8*	*92,7*	*111,0*	*127,9*	*143,6*	*151,0*	
8	165,2	27,1	24,6	22,6	20,9	19,4	18,0	16,8	15,8	
			51,7	*74,3*	*95,2*	*114,6*	*132,6*	*149,4*	*162,5*	
8½	179,5	27,3	25,1	23,2	21,7	20,3	19,0	17,9	16,9	8,1
			52,4	*75,6*	*97,3*	*117,6*	*136,6*	*154,5*	*171,4*	*179,5*

B 19. ST: A = 17,0 : 29,0 cm

Gezog-Stufen	Wangenmaß cm	Maße der gezogenen Auftritte in cm. *Addierte Wangenmaße in cm.*								
5½	96,7	25,7	20,8	17,3	14,7	12,6	5,6			
			46,5	*63,8*	*78,5*	*91,1*	*96,7*			
6	111,2	26,3	22,1	18,9	16,5	14,5	12,9			
			48,4	*67,3*	*83,8*	*98,3*	*111,2*			
6½	125,7	26,7	23,1	20,3	18,0	16,2	14,6	6,8		
			49,8	*70,1*	*88,1*	*104,3*	*118,9*	*125,7*		
7	140,2	27,1	23,9	21,4	19,3	17,6	16,1	14,8		
			51,0	*72,4*	*91,7*	*109,3*	*125,4*	*140,2*		
7½	154,7	27,4	24,6	22,3	20,4	18,8	17,4	16,1	7,7	
			52,0	*74,3*	*94,7*	*113,5*	*130,9*	*147,0*	*154,7*	
8	169,2	27,6	25,1	23,1	21,4	19,9	18,5	17,3	16,3	
			52,7	*75,8*	*97,2*	*117,1*	*135,6*	*152,9*	*169,2*	
8½	183,7	27,8	25,6	23,8	22,2	20,8	19,5	18,4	17,3	8,3
			53,4	*77,2*	*99,4*	*120,2*	*139,7*	*158,1*	*175,4*	*183,7*

B 20. ST: A = 16,5 : 29,5 cm

Gezog-Stufen	Wangenmaß cm	Maße der gezogenen Auftritte in cm / Addierte Wangenmaße in cm								
5½	99,5	26,2	21,3	17,8	15,2	13,1	5,9			
			47,5	*65,3*	*80,5*	*93,6*	*98,5*			
6	114,2	26,8	22,5	19,4	17,0	15,1	13,4			
			49,3	*68,7*	*85,7*	*100,8*	*114,2*			
6½	129,0	27,2	23,6	20,8	18,5	16,7	15,1	7,1		
			50,8	*71,6*	*90,1*	*106,8*	*121,9*	*129,0*		
7	143,7	27,6	24,4	21,9	19,8	18,1	16,6	15,3		
			52,0	*73,9*	*93,7*	*111,8*	*128,4*	*143,7*		
7½	158,5	27,9	25,1	22,8	20,9	19,3	17,9	16,7	7,9	
			53,0	*75,8*	*96,7*	*116,0*	*133,9*	*150,6*	*158,5*	
8	173,2	28,1	25,6	23,6	21,9	20,4	19,0	17,8	16,8	
			53,7	*77,3*	*99,2*	*119,6*	*138,6*	*156,4*	*173,2*	
8½	188,0	28,3	26,1	24,2	22,7	21,3	20,0	18,9	17,9	8,6
			54,4	*78,6*	*101,3*	*122,6*	*142,6*	*161,5*	*179,4*	*188,0*

B 21. ST: A = 16,5 : 30,0 cm

Gezog-Stufen	Wangenmaß cm	Maße der gezogenen Auftritte in cm / Addierte Wangenmaße in cm								
5½	102,2	26,7	21,8	18,3	15,7	13,6	6,1			
			48,5	*66,8*	*82,5*	*96,1*	*102,2*			
6	117,2	27,3	23,1	19,9	*17,5*	*15,5*	*13,9*			
			50,4	*70,3*	*87,8*	*103,3*	*117,2*			
6½	132,2	27,7	24,1	21,3	19,0	17,2	15,6	7,3		
			51,8	*73,1*	*92,1*	*109,3*	*124,9*	*132,2*		
7	147,2	28,1	24,9	22,4	20,3	18,6	17,1	15,8		
			53,0	*75,4*	*95,7*	*114,3*	*131,4*	*147,2*		
7½	162,2	28,4	25,6	23,3	21,4	19,8	18,4	17,1	8,2	
			54,0	*77,3*	*98,7*	*118,5*	*136,9*	*154,0*	*162,2*	
8	177,2	28,6	26,1	24,1	22,4	20,9	19,5	18,3	17,3	
			54,7	*78,8*	*101,2*	*122,1*	*141,6*	*159,9*	*177,2*	
8½	192,2	28,8	26,6	24,7	23,2	21,8	20,5	19,	18,4	8,8
			55,4	*80,1*	*103,3*	*125,1*	*145,6*	*165,0*	*183,4*	*192,2*

GPSR Compliance
The European Union's (EU) General Product Safety Regulation (GPSR) is a set
of rules that requires consumer products to be safe and our obligations to
ensure this.

If you have any concerns about our products, you can contact us on

ProductSafety@springernature.com

In case Publisher is established outside the EU, the EU authorized
representative is:

Springer Nature Customer Service Center GmbH
Europaplatz 3
69115 Heidelberg, Germany